Inhaltsverzeichnis

1 Einleitung 3
2 Rund um den Zauberwürfel 3
   2.1 Die Geschichte 3
   2.2 Die Anzahl der möglichen Würfelstellungen 4
   2.3 Die Gotteszahl 20 5
   2.4 Die funktionelle Grundlage 6
      2.4.1 Der Würfelaufbau 6
      2.4.2 Die Notation der Würfelebenen 7
3 Mathematische Grundlage 8
   3.1 Definition einer Abbildung 8
      3.1.1 Definition einer injektiven Abbildung 8
      3.1.2 Definition einer surjektiven Abbildung 9
      3.1.3 Definition einer bijektiven Abbildung 9
      3.1.4 Die Permutation 9
      3.1.5 Definition der Hintereinanderausführung zweier Abbildungen 10
      3.1.6 Die Invertierbarkeit bijektiver Abbildungen ... 11
   3.2 Definition einer Gruppe 12
   3.3 Beispiele für Gruppen 13
   3.4 Definition eines Isomorphismus zwischen zwei Gruppen 14
4 Die Anwendung der Gruppentheorie auf den Zauberwürfel 15
   4.1 Die theoretische Anwendung 15
   4.2 Die praktische Anwendung 16
5 Schluss 21
6 Literaturverzeichnis 22
7 Quellenverzeichnis 22
8 Abbildungsverzeichnis 23

Abbildung Titelseite: Der Zauberwürfel im Spiegel der abstrakten Mathematik.

1 Einleitung

Was für eine geniale Erfindung: der Zauberwürfel – ein süchtig machendes Dreh-Spielzeug, vor dem letztendlich niemand sicher sein kann. Der Zauber dieses bunten Würfels zieht Menschen aller Alters- und Gesellschaftsschichten gleichermaßen in seinen Bann. Bald sind dem begeisterten Einsteiger erste Techniken geläufig und somit ist die Neugierde auf „Basic Cubing" geweckt. Unmerklich greift die ursprüngliche Idee des Erfinders Ernö Rubik, die dreidimensionale Vorstellungskraft zu fördern, Raum. Es haben sich sogar verschiedenste Wettkampfformen entwickelt wie zum Beispiel „Speed Cubing", „Blindfold Cubing" oder auch die Herausforderung, mit möglichst wenigen Drehbewegungen zum Ziel zu gelangen („Fewest Moves"). Trotz aller spielerischen Varianten verdient der Zauberwürfel durchaus großen Respekt angesichts des weiten mathematischen Themenfeldes rund um die Gruppentheorie. Daher soll in dieser Arbeit nicht die vollumfängliche mathematische Erklärung des Zauberwürfels an sich im Vordergrund stehen. Wohl aber die Tatsache, dass der Zauberwürfel in seiner Funktion auf mathematischem Hintergrund aufbaut. Um diesen Zusammenhang darzustellen, bietet es sich an, den mathematischen wie auch den funktionellen Ansatz zunächst getrennt aufzuzeigen, um beides anschließend exemplarisch zusammenzuführen.

2 Rund um den Zauberwürfel

2.1 Die Geschichte

Abbildung 1: Prototyp des Zauberwürfels, 1974.

Der damals 30-jährige Professor für Architektur der Budapester Universität, Ernö Rubik, hatte 1974 die Idee, seinen Studenten die räumliche Vorstellungskraft anschaulich zu vermitteln. Dazu bediente sich der Bildhauer seiner kreativen Fähigkeiten und schuf mit dem links abgebildeten Prototypen eines drehbaren Würfels ein Kunstwerk, das später zum meistverkauften Spielzeug weltweit avancierte. Bis zur globalen Vermarktung im heutigen Sinne lag noch ein weiter Weg vor ihm. Zunächst erkannte ein Freund das wirtschaftliche Potenzial dieser Erfindung. Doch der Eiserne Vorhang schob einer internationalen Vertriebsstrategie einen Riegel vor. Bekannt wurde der Würfel durch begeisterte Mathematiker, die diesen zu internationalen Konferenzen mitbrachten, und auch durch einen ausgewanderten ungarischen Unternehmer, der die geniale Erfindung auf der Nürnberger Spielwarenmesse 1979 vorstellte. So wurde der Spielwarenspezialist Tom Kremer darauf aufmerksam. Durch ihn gelang schließlich der Durchbruch des mittlerweile als „Rubik´s Cube" bekannten Spielzeugs.[1]

2.2 Die Anzahl der möglichen Würfelstellungen

Nur den wenigsten Anwendern dürfte bekannt sein, wie vielseitig der Zauberwürfel in seiner Musteranzahl ist. Tatsächlich handelt es sich um eine unvorstellbar große Zahl, deren Berechnung durchaus logisch nachvollziehbar ist:

„$$\frac{8! \cdot 3^8 \cdot 12! \cdot 2^{12}}{3 \cdot 2 \cdot 2} = 43.252.003.274.489.856.000 \approx 4,3 \cdot 10^{19}$$"[2]

Betrachtet werden alle möglichen Würfelmuster, die rein durch Drehen einzelner Seiten erreicht werden können, ohne den Würfel in seiner Konstruktion mechanisch zu verändern. Die einzelnen Faktoren der oben stehenden Formel erklären sich wie folgt.

Jeder der acht Ecksteine kann anfangs acht unterschiedliche Positionen einnehmen. Sobald ein Eckstein festgesetzt wird, bleiben dem nächsten Eckstein noch sieben weitere Möglichkeiten. Es ergibt sich also eine Enderhebung der acht Eckwürfel, da diese, stochastisch betrachtet, nicht zurückgelegt werden und die Reihenfolge eine Rolle spielt. Somit ergibt sich der Faktor 8!. Zudem kann jeder der acht Ecksteine in drei unterschiedliche Ausrichtungen verbracht werden. Auf diese Weise erklärt sich der zweite Faktor des Zählers: 3^8. Ebenso verhält es sich mit den zwölf Kantensteinen des Zauberwürfels. Diese können im Unterschied zu den Ecksteinen logischerweise anfangs zwölf Positionen einnehmen und jeweils in zwei unterschiedliche Ausrichtungen gedreht werden. Damit erklären sich die beiden weiteren Faktoren des Zählers (12! und 2^{12}). Die Mechanik des Zauberwürfels führt zu den drei Faktoren des Nenners. So kommt nur die Hälfte der theoretisch denkbaren Vertauschungen infrage, nämlich die geradzahligen (Faktor 2). Da nie eine Kante allein gekippt werden kann, weil konstruktionsbedingt eine zweite zwangsläufig mitgekippt wird, ergibt sich im Nenner nochmals der Faktor 2. Sind die

---

[1] Vgl. Rubik´s Brand Ltd.; https://eu.rubiks.com/about/the-history-of-the-rubiks-cube (Stand: 03.07.2015).

[2] Bild der Wissenschaft; Heft 12; 1980; Mathematisches Kabinett; Seite 184.

Ausrichtungen von sieben Eckwürfeln bestimmt, ergibt sich, wie eingangs bereits erwähnt, automatisch die des achten. Theoretisch hätte dieser noch drei mögliche Ausrichtungen annehmen können, was durch die Mechanik des Würfels jedoch verhindert wird – daher der letzte Faktor des Nenners, die 3.

Mittels dieser Formel errechnet sich die mathematisch und praktisch realisierbare Gesamtzahl von 43.252.003.274.489.856.000 möglichen Würfelmustern.

2.3 Die Gotteszahl 20

Eine interessante Fragestellung ist, wie viele Drehungen im ungünstigsten Fall überhaupt vonnöten sind, um den Kubus aus jeder der rund 43 Trillionen möglichen Stellungen wieder in die Ausgangslage zurückzubringen. Der englische Mathematiker John Conway bezeichnete die Lösung dieses Problems als „Gotteszahl". Er meinte damit das Finden einer gleichlautenden Zahl für sowohl die Maximal- als auch die Minimalzahl an Drehungen zur Lösung des Würfels aus der schwierigst möglichen Ausgangsposition. „Maximal" drückt aus, dass selbst das schwierigste Muster höchstens die Gotteszahl an Drehungen zur Lösung benötigt. „Minimal" bedeutet, dass es Ausgangspositionen gibt, die in nicht weniger Drehungen als denen der Gotteszahl zu lösen sind. Diverse Mathematiker nutzten dazu die Möglichkeiten ihrer Zeit und so entbietet sich mittlerweile folgende Chronologie. 1982 fand man heraus, dass mindestens 17 Drehungen benötigt werden, um das Rätsel zu lösen. Zugleich erbrachte der Londoner Morwen Thistlethwaite Beweise für die Höchstzahl von 52 Drehungen. Diese Spanne wiederum spornte Mathematiker weiter an. Im Jahre 1995 konnte Michael Reid verifizieren, dass die Untergrenze für den sogenannten „Superflip" bei 20 Drehungen liegt. In der Zwischenzeit reduzierte sich auch die Obergrenze sprich die Maximalzahl in mehreren Schritten auf damals 29 Drehungen.[3] Erst zehn Jahre später konnte durch Silviu Rad ein weiterer Fortschritt vermeldet werden – allerdings wurde die Maximalzahl damals lediglich um eine Drehung reduziert. Seither wurden beinahe jährlich Erfolge vermeldet, was nicht zuletzt der enormen Rechenleistung von Computern zuzuschreiben ist. 2010 schließlich präsentierte ein vierköpfiges Forscherteam die Gotteszahl 20. Das

Abbildung 2: Der „Superflip".

---

[3] Vgl. Szpiro, George G.; Mathematischer Cocktail; Verlag Neue Zürcher Zeitung, Zürich 2008; Seite 26 ff.

internationale Team setzte sich aus dem Mathematiker Morley Davidson, dem Programmierer Tomas Rokicki, dem deutschen Mathematiklehrer Herbert Kociemba und dem Google-Ingenieur John Dethridge zusammen.[4] Damit haben die vier ein jahrzehntelang währendes Rätsel endgültig gelöst.

2.4 Die funktionelle Grundlage
2.4.1 Der Würfelaufbau

Um sich dem Zauberwürfel im späteren Verlauf mathematisch korrekt nähern zu können, ist es hilfreich, diverse Grundlagen zu erklären. Dazu gehört in erster Linie die Beschreibung und Benennung der einzelnen Würfelsteine und -ebenen.

Der Mittelstein sitzt jeweils in der Mitte einer Seitenfläche. Zwar lässt er sich grundsätzlich bewegen, ist aber in seiner Mittelposition unverstellbar. So liegt der weiße Mittelstein beispielsweise immer dem gelben gegenüber und es existiert keine Drehung, die daran etwas ändert. Durch ihn ist die jeweilige Flächenfarbe der Seite festgelegt, was zum Lösen des Würfels von Bedeutung ist.

Abbildung 3: Der Mittelstein.

Der Kantenstein befindet sich mittig an den Würfelflächenkanten. Er besitzt zwei unterschiedliche Farbflächen und ist bedingt verstellbar, was bedeutet, dass nie ein einzelner Kantenstein in seiner Ausrichtung verändert werden kann, ohne dass ein weiterer es ihm gleichtut. Zudem kann er mit jedem beliebigen anderen Kantenstein die Position tauschen.

Abbildung 4: Der Kantenstein.

Der Eckstein, welcher mit drei Farbflächen ausgestattet ist, kann frei bewegt werden. Somit kann dieser Stein genauso alle anderen Eckpositionen einnehmen. Er ist ebenfalls kippbar. Jeder einzelne der acht Ecksteine des Zauberwürfels kann frei ausgerichtet werden. Sind jedoch die ersten sieben bestimmt, so ergibt sich die Ausrichtung des achten automatisch.

Abbildung 5: Der Eckstein.

---

[4] Vgl. Seven Towns, Ltd.; http://www.cube20.org (Stand: 05.10.2015).

2.4.2 Die Notation der Würfelebenen

Die Notation ist erforderlich, um Drehanweisungen für den Zauberwürfel möglichst kurz, einfach und unmissverständlich auszudrücken. Zudem dienen sie, wie weiter unten offensichtlich wird, im Zusammenhang mit der mathematischen Betrachtung durch die Gruppentheorie als logischer Brückenschlag.

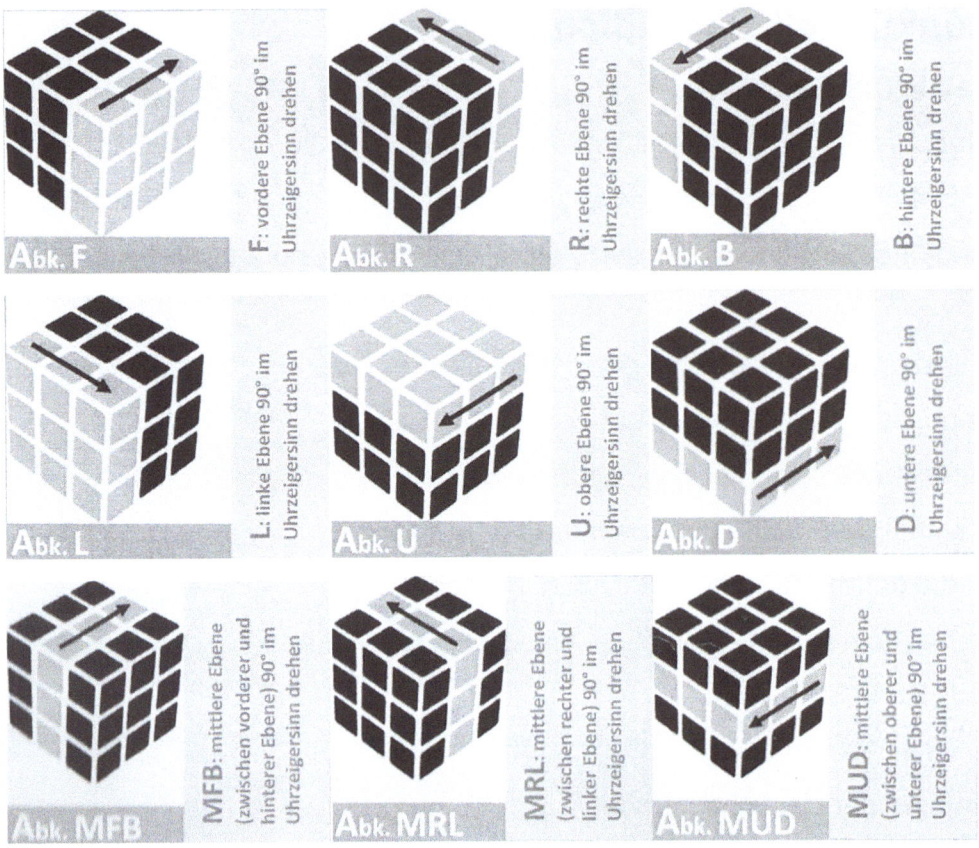

Abbildung 6: Die Notation.

Der einfache Buchstabe bezeichnet eine Drehung um 90° im Uhrzeigersinn. Ist dem Buchstaben ein Strich angefügt, so handelt es sich dabei um die gleiche Drehung, jedoch mit dem Unterschied, dass nun gegen den Uhrzeigersinn gedreht wird. Die Drehung um 180° wird durch die hochgestellte Ziffer 2 gekennzeichnet.

Das Ganze wird nun an der Vorderseite „F" demonstriert.

Abbildung 7: F.

Abbildung 8: F´.

Abbildung 9: F².

Zudem gibt es Buchstabenkombinationen, die die mittleren Ebenen beschreiben. Sie bestehen aus drei Buchstaben, wobei die letzten beiden die „Blickrichtung" vorgeben. So erklärt sich beispielsweise das Kürzel MFB als eine Drehung der mittleren Ebene, zwischen vorderer und hinterer Ebene platziert, um 90° im Uhrzeigersinn – von der vorderen Ebene aus betrachtet (siehe Abbildung 5).[5]

3 Mathematische Grundlage

3.1 Definition einer Abbildung

Eine Abbildung (φ, A, B) besteht aus einer Menge A, auch Definitionsbereich genannt, einer Menge B, dem Bildbereich, und einer Abbildungsvorschrift φ, die jedem Element a ∈ A (Urbild) genau ein Element b = φ(a) ∈ B (Abbild) zuordnet.[6]

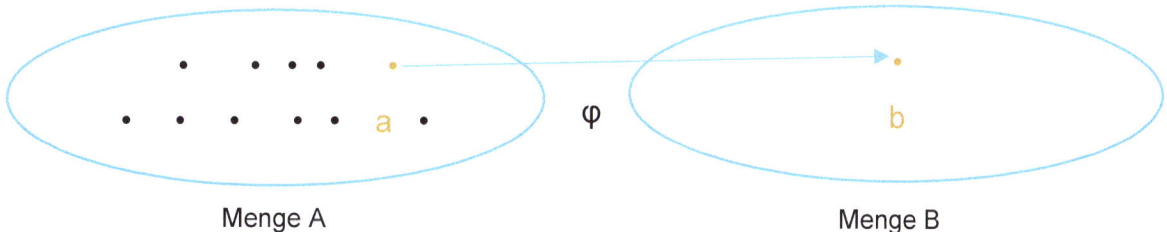

Abbildung 10: Darstellung einer Abbildung.

3.1.1 Definition einer injektiven Abbildung

Eine Abbildung (φ, A, B) wird als injektiv bezeichnet, wenn für a_1, a_2 ∈ A mit a_1 ≠ a_2 immer folgt $\varphi(a_1)$ ≠ $\varphi(a_2)$. Es gibt sozusagen keine zwei verschiedenen Elemente a_1, a_2 im Definitionsbereich, die durch φ auf dasselbe b im Bildbereich abgebildet werden.[7]

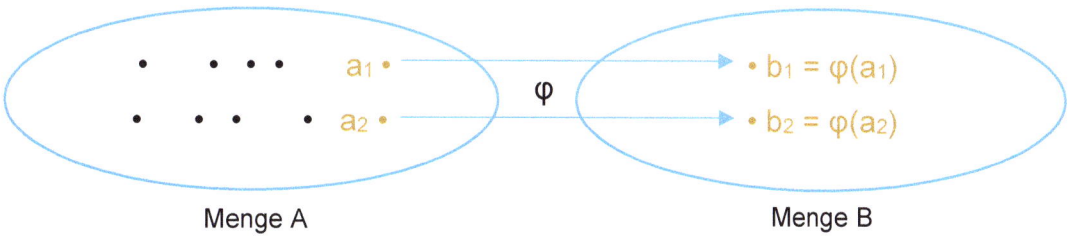

Abbildung 11: Darstellung einer injektiven Abbildung.

---

[5] Vgl. Braun, Tayo Yannic; basic cubing new generation; BoD – Books on Demand; Norderstedt 2012; 1. Auflage; Seiten 10 ff.
[6] Vgl. Beutelspacher, Albrecht; Lineare Algebra; Springer Spektrum; Wiesbaden 2014; 8. Auflage; Seite 7 f.
[7] Vgl. ebenda Seite 9.

3.1.2 Definition einer surjektiven Abbildung

Eine Abbildung (φ, A, B) wird als surjektiv bezeichnet, wenn es zu jedem $b \in B$ ein Urbild $a \in A$ mit $\varphi(a) = b$ gibt.[8]

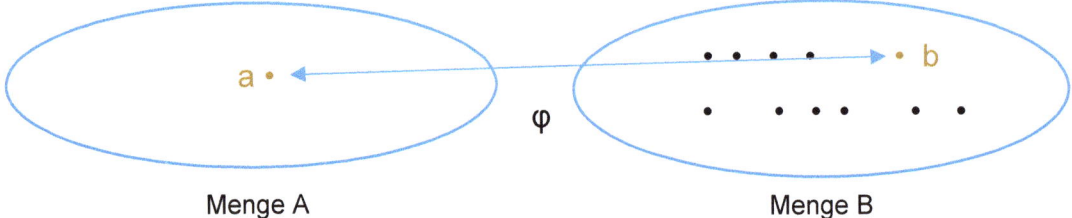

Abbildung 12: Darstellung einer surjektiven Abbildung.

3.1.3 Definition einer bijektiven Abbildung

„Eine Abbildung (φ, A, B) heißt bijektiv, wenn sie injektiv und surjektiv ist."[9]

3.1.4 Die Permutation

Für die beiden Mengen A und B mit den Eigenschaften $A = B$ und $|A| < \infty$, das heißt A ist eine endliche Menge, sind die bijektiven Abbildungen gerade die Permutationen der Elemente von A unter der Voraussetzung, dass A mindestens zwei Elemente beinhaltet.[10]

Zur Veranschaulichung werden nun zum einen die 2-elementige Menge A_1 und zum anderen die 3-elementige Menge A_2 dargestellt.

Abbildung 13: Die 2-elementige Menge A_1 mit ihren Permutationen.

---

[8] Vgl. Beutelspacher, Albrecht; Lineare Algebra; Springer Spektrum; Wiesbaden 2014; 8. Auflage; Seite 9.
[9] Beutelspacher, Albrecht; Lineare Algebra; Springer Spektrum; Wiesbaden 2014; 8. Auflage; Seite 9.
[10] Vgl. Beutelspacher, Albrecht; Lineare Algebra; Springer Spektrum; Wiesbaden 2014; 8. Auflage; Seite 207.

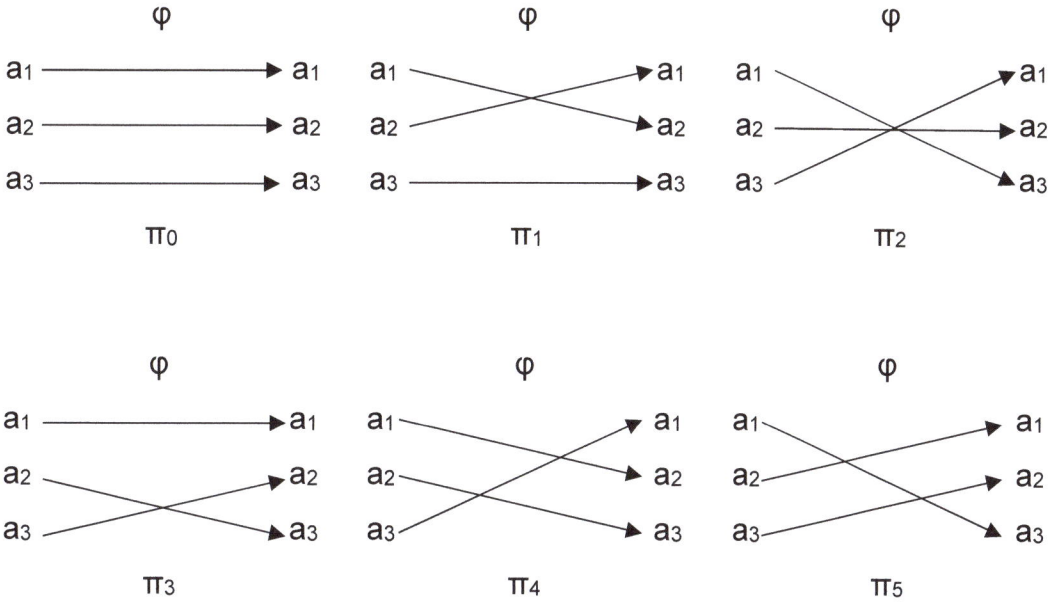

Abbildung 14: Die 3-elementige Menge A_2 mit ihren Permutationen.

Des Weiteren gilt, ohne den Beweis hier explizit anzuführen, dass die Anzahl der Permutationen auf der n-elementigen Menge {1, 2, 3, ..., n-1, n} gleich

n! = 1 • 2 • 3 • ... (n-1) • n ist.

3.1.5 Definition der Hintereinanderausführung zweier Abbildungen

Seien φ_1, eine Abbildung von A nach B, und φ_2, eine Abbildung von B nach C, zwei Abbildungen mit $\varphi_1(A) \subset B$. Die Menge $\varphi_1(A)$ enthält alle Bilder der Elemente von A. So gilt für die Hintereinanderausführung $(\varphi_2 \circ \varphi_1)(a) := \varphi_2(\varphi_1(a)) \in C$ für alle $a \in A$. Wobei ○ die Verknüpfung der beiden Abbildungsvorschriften ausdrückt.

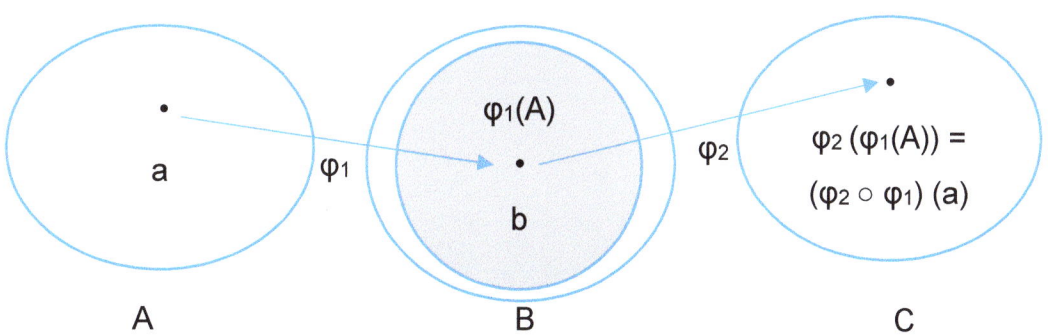

Abbildung 15: Die Hintereinanderausführung zweier Abbildungen.

In der Praxis geht man wie folgt vor. Man wendet zunächst φ₁ auf a an und bekommt somit φ₁(a), eine Teilmenge von B. Dann wendet man φ₂ auf das gerade erhaltene φ₁(a) an und kommt zum obigen Ergebnis φ₂(φ₁(a)), also der Hintereinanderausführung. Die Abbildungsvorschriften werden per Definition „von rechts nach links" ausgeführt.[11]

3.1.6 Die Invertierbarkeit bijektiver Abbildungen

Bijektive Abbildungen weisen die Eigenschaft der Invertierbarkeit oder auch Umkehrbarkeit auf. Dies korrekt zu zeigen, würde den Rahmen dieser Arbeit sprengen. Die Anwendungsvorschrift lautet dann φ^{-1}. Sie kommt sozusagen einer „Rückwärtsabbildung" gleich. Man bildet also das Abbild zurück auf dessen Urbild ab. Zur bijektiven Abbildung (φ, A, B) gibt es folglich die Umkehrabbildung (φ^{-1}, A, B). Bei Verknüpfung von Abbildung und Umkehrabbildung erhält man die sogenannte Identität, abgekürzt id.[12]

> „Ist [A] eine Menge, so nennen wir die Abbildung id = id_{[A]}, von [A] in sich, die durch id([a]) := [a] für alle [a] ∈ [A] definiert ist, die Identität […] auf [A]."[13]

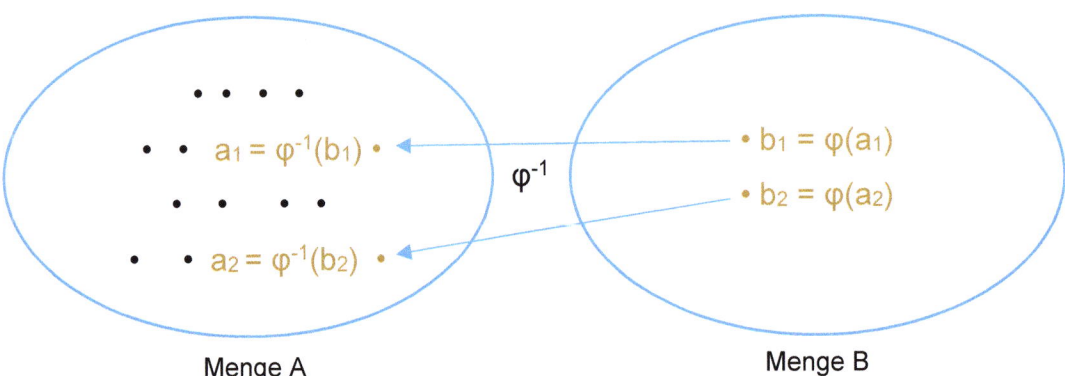

Abbildung 16: Die Inversion einer bijektiven Abbildung.

---

[11] Vgl. Beutelspacher, Albrecht; Lineare Algebra; Springer Spektrum; Wiesbaden 2014; 8. Auflage; Seite 9 f.
[12] Vgl. ebenda Seite 10 f.
[13] Beutelspacher, Albrecht; Lineare Algebra; Springer Spektrum; Wiesbaden 2014; 8. Auflage; Seite 8.

3.2 Definition einer Gruppe

Die Betrachtung des Zauberwürfels und der Drehungen einzelner Seiten sowie die Abfolge der Drehungen unterliegen mathematischen Gesetzen, die im Folgenden aufgezeigt werden.

> „Definition: Eine Gruppe ist ein Paar (G, •), bestehend aus einer Menge G und einer Verknüpfung [...] • auf G, [das heißt] einer Abbildung
> • : G x G → G,   (a, b) ↦ a • b,
> mit folgenden Eigenschaften (man nennt sie Gruppenaxiome):"[14]

„Für alle a, b, c ∈ G gilt (a • b) • c = a • (b • c)."[15]   [1]

„Es existiert ein e ∈ G mit e • a = a = a • e für alle a ∈ G."[16]   [2]

„Zu jedem a ∈ G existiert ein a´ ∈ G mit a´• a = e = a • a´."[17]   [3]

Das erste Gruppenaxiom beschreibt die Assoziativität der Verknüpfung. Es spielt demnach keine Rolle, ob zunächst die Elemente a und b miteinander verknüpft werden und das Ergebnis schließlich mit c verknüpft wird oder ob a mit dem Ergebnis von b und c verknüpft wird. Die folgende einfache Multiplikation veranschaulicht den Zusammenhang beispielhaft: (2 • 3) • 5 = 2 • (3 • 5) ⇔ 6 • 5 = 2 • 15

Die zweite Eigenschaft einer Gruppe fordert die Existenz eines neutralen Elements. Darunter versteht man ein Element einer Menge, das in Verknüpfung mit jedem beliebigen anderen Element derselben Menge dieses nicht verändert beziehungsweise dieses auf sich selbst abbildet. Bei der Menge der rationalen Zahlen, ohne die Null, mit der Verknüpfung Multiplikation wäre das neutrale Element die Zahl 1. Betrachtet man die Addition der rationalen Zahlen, hier mit der Null, so wäre die Null neutrales Element.

Das dritte Gruppenaxiom verkörpert die Eigenschaft, dass jedes Element aus einer Menge ein Inverses besitzt. Das Inverse zeichnet sich dadurch aus, dass es in Verknüpfung mit seinem „Ausgangs-Element" gerade das neutrale Element ergibt. Betrachtet man ein weiteres Mal die Menge der rationalen Zahlen, ohne die Null, mit der Verknüpfung Multiplikation, so ergibt sich beispielsweise für die Zahl 5 das Inverse $\frac{1}{5}$. Bei der Addition wäre es die Gegenzahl, zur Ausgangszahl 5 gehört dabei das Inverse -5.

---

[14] Fischer, Gerd; Lineare Algebra; Vieweg-Studium; 17: Grundkurs Mathematik; Braunschweig, Wiesbaden 1986; 9. Auflage; Seite 31.
[15] Karpfinger, Christian/Meyberg, Kurt; Algebra; Springer-Verlag; Berlin, Heidelberg 2013; 3. Auflage; Seite 17.
[16] Ebenda. Seite 17.
[17] Ebenda. Seite 17.

3.3 Beispiele für Gruppen

Die Menge der Restklassen {[0], [1], [2]} bei der Division ganzer Zahlen durch 3 mit der Verknüpfung + bildet eine 3-elementige Gruppe; die dazugehörige Gruppentafel zeigt die möglichen Verknüpfungen:

+	[0]	[1]	[2]
[0]	[0]	[1]	[2]
[1]	[1]	[2]	[0]
[2]	[2]	[0]	[1]

Beispiel: [1] + [2] = [0] weil
7 + 11 = 18 (Rest = 0)

[2] + [2] = [1] weil
20 + 14 = 34 (Rest = 1)

Die Menge der Permutationen, aufgefasst als bijektive Abbildungen auf der Menge $M = \{1, 2, 3\}$, bildet bezüglich der Verknüpfung $\circ$ eine 6-elementige Gruppe.

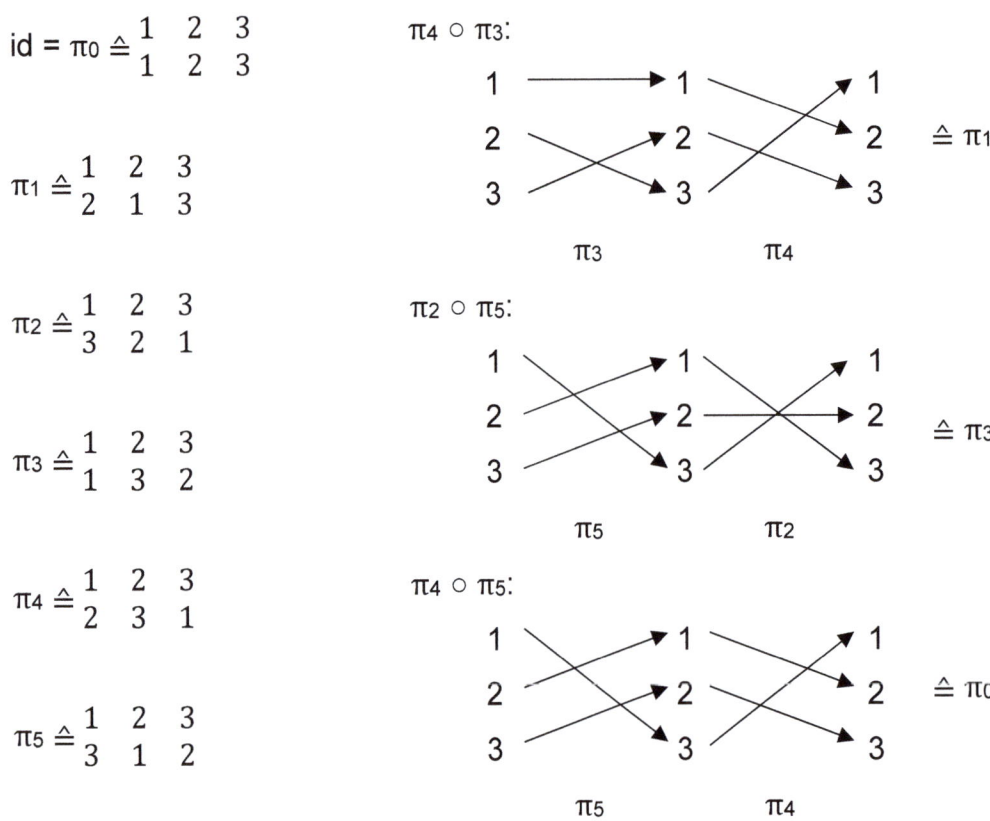

Die hier exemplarisch dargestellten Verknüpfungen finden sich in der unten stehenden Gruppentafel wieder. Mehr noch, bietet diese Darstellung die Möglichkeit, alle Permutationen übersichtlich zu veranschaulichen.

$\circ$	π_0	π_1	π_2	π_3	π_4	π_5
π_0	π_0	π_1	π_2	π_3	π_4	π_5
π_1	π_1	π_0	π_4	π_5	π_2	π_3
π_2	π_2	π_5	π_0	π_4	π_3	π_1
π_3	π_3	π_4	π_5	π_0	π_1	π_2
π_4	π_4	π_3	π_1	π_2	π_5	π_0
π_5	π_5	π_2	π_3	π_1	π_0	π_4

Diese 6-elementige Gruppe wird in Fachkreisen auch als S_3 bezeichnet.

3.4 Definition eines Isomorphismus zwischen zwei Gruppen

Die folgende Definition kommt der des Homomorphismus gleich, erst die Einschränkung auf die Bijektivität gewährleistet die konkrete Zuordnung zum Isomorphismus.

Eine Abbildung $\varphi: G_1 \to G_2$ ((G_1, $\circ$), (G_2, $*$) sind Gruppen), die bijektiv ist und für alle a, b $\in G_1$ die Eigenschaft $\varphi(a \circ b) = \varphi(a) * \varphi(b)$ erfüllt, heißt Isomorphismus zwischen G_1 und G_2. Die Gruppen G_1 und G_2 werden dann isomorph oder als strukturgleich bezeichnet.[18]

Die Isomorphie zwischen zwei Gruppen kann auch als Äquivalenzrelation aufgefasst werden. Im Detail gilt Folgendes:

> „Seien G und H Gruppen. G und H heißen isomorph, geschrieben $G \cong H$, falls es einen Isomorphismus $f : G \to H$ gibt."[19]

> „$id_G : G \to G$ ist ein Isomorphismus. Insbesondere ist $G \cong G$, d. h., die Relation ‚isomorph zu' ist reflexiv."[20] [1]

> „Ist $f : G \to H$ ein Isomorphismus, so ist auch $f^{-1} : H \to G$ (das existiert, weil f nach Definition bijektiv ist) ein Isomorphismus. Insbesondere ist $G \cong H \Rightarrow H \cong G$, d. h., die Relation ‚isomorph zu' ist symmetrisch."[21] [2]

> „Sind $f : G \to H$, $g : H \to I$ Isomorphismen, so ist auch $g \circ f : G \to I$ ein Isomorphismus. Es ist demnach $G \cong H \wedge H \cong I \Rightarrow G \cong I$, d. h., die Relation ‚isomorph zu' ist transitiv."[22] [3]

Die erste Forderung ([1]) drückt aus, dass im Falle einer Abbildung mit der Abbildungsvorschrift id, also dem Abbilden einer Gruppe auf sich selbst, folglich auch die Struktur unverändert bleibt. Dies bedeutet, dass die Gruppe isomorph zu sich selbst ist. Im übertragenen Sinne ausgedrückt, bedeutet id „nichts tun".

Des Weiteren besagt [2]: Falls bei einer Abbildung zwischen zwei Gruppen Isomorphie, also Strukturgleiche vorliegt, muss dies auch bei der Inversion gelten. In Forderung [3] kommt zum Ausdruck, dass die Gruppen G_1 und G_3 isomorph zueinander sind, falls G_1 isomorph zu G_2 ist und G_2 ebenfalls isomorph zu G_3 ist.

Im Allgemeinen, selbst für Gruppen kleinerer Ordnung, ist die Existenz beziehungsweise Nicht-Existenz eines Isomorphismus schwer nachzuweisen.

---

[18] Vgl. Wohlgemuth, Martin; Mathematisch für fortgeschrittene Anfänger; Spektrum Akademischer Verlag; Heidelberg 2010; Seite 47.
[19] Wohlgemuth, Martin; Mathematisch für fortgeschrittene Anfänger; Spektrum Akademischer Verlag; Heidelberg 2010; Seite 48 ff.
[20] Ebenda Seite 48.
[21] Ebenda Seite 48.
[22] Ebenda Seite 49.

4 Die Anwendung der Gruppentheorie auf den Zauberwürfel

4.1 Die theoretische Anwendung

Aus mathematischer Sicht kann der Zauberwürfel als eine Gruppe verstanden werden. Dazu müssen die oben genannte „mathematische Grundlage" und die „Notation" in Einklang gebracht werden. Jede Würfelstellung kann als Verknüpfung der sechs möglichen Basis-Permutationen B = {F, R, B, L, U, D} angesehen werden. Alle möglichen Permutationen bilden die Menge A_W. Jede Stellung ist durch eine Verknüpfung der sechs Grundpermutationen B_W = {F, R, B, L, U, D} $\subset A_W$ zu erreichen, die mit der zweistelligen Verknüpfung $\circ: G \times G \rightarrow G$ verbunden werden. Zudem existiert ein sogenanntes neutrales Element, welches gleichzeitig der Grundstellung id entspricht. Das kommt einer Null-Operation auf dem gelösten Würfel gleich. Für alle Permutationen p gilt $p \circ id = id \circ p = p$. Darüber hinaus gibt es das sogenannte Inverse Element, denn zu jeder Permutation p gibt es ein Element p´. Daher gilt $p \circ p´ = p´ \circ p = id$.

Beispielsweise $F \circ F´ = id$ oder
$B^2 \circ D \circ D´ \circ B´´ = id$. Es gilt für alle $X \in B_W: X^2 = X´´$.

Als Gruppe ist (A_W, $\circ$) zwar assoziativ, da $B \circ (D \circ F) = (B \circ D) \circ F$ gilt, im Allgemeinen aber nicht kommutativ, da die Verknüpfung $\circ$ nicht kommutativ ist. Dies ist am Beispiel $R \circ B \neq B \circ R$ erkennbar.[23]

> „Die Seitendrehungen sind für den Mathematiker auch Permutationen (Vertauschungen) der acht Ecken und zwölf Kanten. Man unterscheidet gerade und ungerade Permutationen, die sich ähnlich verhalten wie die geraden und ungeraden Zahlen. Die Summe von zwei geraden Zahlen ist wieder gerade. Die Summe einer geraden und einer ungeraden Zahl ist ungerade. Die Hälfte der Zahlen ist gerade, die ‚andere Hälfte' ist ungerade. Das ist bei den Permutationen genauso. Man kann nachrechnen, daß der geordnete Würfel genau alle geraden Permutationen erlaubt. Seitendrehungen sind gerade Permutationen. Und zwei gerade Permutationen nacheinander sind ja wieder gerade."[24]

---

[23] Vgl. Wikimedia Foundation Inc.; https://de.wikipedia.org/wiki/Zauberwürfel (Stand: 13.10.2015).
[24] Bild der Wissenschaft; Heft 12; 1980; Mathematisches Kabinett; Seite 184.

4.2 Die praktische Anwendung

Zum besseren Verständnis werden die folgenden drei Beispiele vor dem Hintergrund der Anwendung am Zauberwürfel angeführt. Isomorphie lässt sich am anschaulichsten an Gruppentafeln zeigen. So bezieht sich die jeweils linke Gruppentafel auf den Zauberwürfel und enthält die bereits bekannte Notation. Die rechts daneben angeordnete Entsprechung stellt eine Gruppentafel dar, bestehend aus „Divisionsgruppen", die jeweils kurz erläutert werden.

Die Gruppen 2. Ordnung ($<R^2>$, ∘) und ({[0], [1]}, +) sind isomorph, dazu muss lediglich id mit [0] und R^2 mit [1] identifiziert werden.
Bei der Gruppe ({[0], [1]}, +) sind 0 und 1 die Restklassen bei Division der ganzen Zahlen durch 2. Diese werden addiert.

∘	id	R^2
id	id	R^2
R^2	R^2	id

+	[0]	[1]
[0]	[0]	[1]
[1]	[1]	[0]

Die Gruppen 4. Ordnung ($<R>$, ∘) und ({[0], [1], [2], [3]}, +) sind ebenfalls isomorph, dazu muss lediglich id mit [0], R mit [1], R^2 mit [2] und R^3 mit [3] identifiziert werden. R^3 entspricht in der praktischen Anwendung R^{-1}. In diesem Beispiel bietet sich die fortlaufende Nummerierung zu Vergleichszwecken an. Bei ({[0], [1], [2], [3]}, +) sind 0, 1, 2 und 3 die Restklassen bei Division der ganzen Zahlen durch 4. Diese werden addiert.

∘	id	R	R^2	R^3
id	id	R	R^2	R^3
R	R	R^2	R^3	id
R^2	R^2	R^3	id	R
R^3	R^3	id	R	R^2

+	[0]	[1]	[2]	[3]
[0]	[0]	[1]	[2]	[3]
[1]	[1]	[2]	[3]	[0]
[2]	[2]	[3]	[0]	[1]
[3]	[3]	[0]	[1]	[2]

Das folgende Gegenbeispiel zeigt die recht übersichtlichen Gruppen der Ordnung 4, welche sich beide auf den Zauberwürfel beziehen. Die beiden Gruppen ($<R>$, ∘) und ($<R^2, L^2>$, ∗) sind nicht isomorph.

∘	id	R	R^2	R^3
id	id	R	R^2	R^3
R	R	R^2	R^3	id
R^2	R^2	R^3	id	R
R^3	R^3	id	R	R^2

∗	(R^0, L^0)	(R^0, L^2)	(R^2, L^0)	(R^2, L^2)
(R^0, L^0)	(R^0, L^0)	(R^0, L^2)	(R^2, L^0)	(R^2, L^2)
(R^0, L^2)	(R^0, L^2)	(R^0, L^0)	(R^2, L^2)	(R^2, L^0)
(R^2, L^0)	(R^2, L^0)	(R^2, L^2)	(R^0, L^0)	(R^0, L^2)
(R^2, L^2)	(R^2, L^2)	(R^2, L^0)	(R^0, L^2)	(R^0, L^0)

Die Gruppentafeln werden nun „umkodiert", ohne die Strukturen zu verändern, um die Nicht-Existenz der Isomorphie zu verdeutlichen.

$(<R>, \circ) \triangleq G_1$

$\circ$	a_0	a_1	a_2	a_3
a_0	a_0	a_1	a_2	a_3
a_1	a_1	a_2	a_3	a_0
a_2	a_2	a_3	a_0	a_1
a_3	a_3	a_0	a_1	a_2

$(<R^2, L^2>, *) \triangleq G_2$

$*$	a_0	a_1	a_2	a_3
a_0	a_0	a_1	a_2	a_3
a_1	a_1	a_0	a_3	a_2
a_2	a_2	a_3	a_0	a_1
a_3	a_3	a_2	a_1	a_0

Alle bijektiven Abbildungen zwischen G_1 und G_2 fallen mit allen 24 Permutationen der a_0, a_1, a_2, a_3 zusammen. Diese Permutationen gleichen vom Aufbau her jenen, die in Kapitel 3.3 bereits beschrieben wurden. Daher werden sie an dieser Stelle nicht noch einmal explizit angeführt.

Für einen Fall soll das Nicht-Existieren eines strukturerhaltenden Isomorphismus zwischen G_1 und G_2 nun exemplarisch gezeigt werden.
Für die Abbildungsvorschrift φ gilt folgendes Zuordnungsschema:

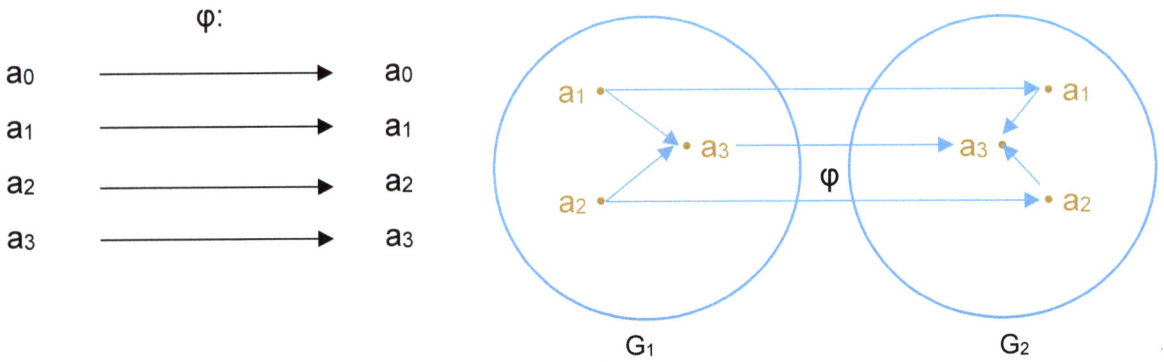

Abbildung 17: Existenz der Isomorphie.

Zunächst werden willkürlich die beiden Elemente a_1 und a_2 herausgegriffen und nach G_1 verknüpft, somit ergibt sich a_3. Diese drei Elemente aus G_1 werden nun gemäß φ auf G_2 abgebildet. Schließlich werden die Abbilder a_1 und a_2 aus G_2 verknüpft. Das Ergebnis a_3 stimmt mit der Abbildung überein. Dies lässt zunächst den Schluss zu, dass es sich hierbei um isomorphe Gruppen handeln könnte.

Ein weiteres Beispiel beweist jedoch, dass die eben erwähnte Annahme nicht haltbar ist. Abbildung 18 zeigt anschaulich ein weiteres willkürlich gewähltes Szenario, das demselben Schema wie in Abbildung 17 dargestellt folgt. Hier jedoch kann die Nicht-Existenz der Isomorphie nachgewiesen werden.

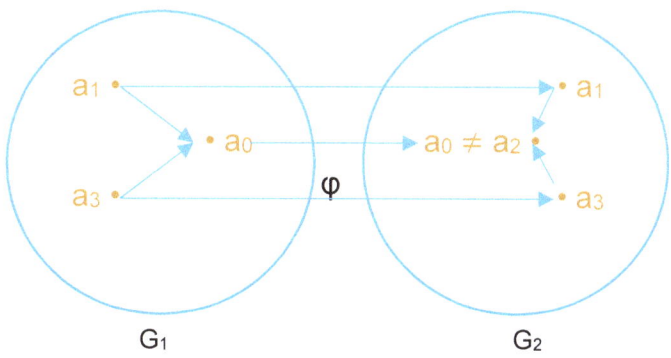

Abbildung 18: Nicht-Existenz der Isomorphie.

Dementsprechend müssten streng genommen alle 24 Permutationen mit jeweils 16 möglichen Szenarien auf die Nicht-Existenz der Isomorphie untersucht werden. Nur wenn bei jedem dieser Fälle Isomorphie vorliegt, sind die Gruppen G_1 und G_2 eindeutig isomorph zueinander. Ergibt sich bei nur einem Fall die Nicht-Existenz der Isomorphie, so sind G_1 und G_2 zwangsläufig nicht isomorph. Exemplarisch sollen diese beiden Schaubilder genügen, um einen Einblick in die Komplexität dieser Thematik zu gewähren. Wie eben ersichtlich wurde, liegt die Schwierigkeit des Nachweises von Isomorphie im außerordentlich großen Arbeitsaufwand, da selbst für Gruppen kleiner Ordnung bereits Hunderte einzelner Fälle zu überprüfen sind. Beim vorliegenden Beispiel einer Gruppe 4. Ordnung müssten 384 einzelne Fälle betrachtet werden.

Zur weiteren Veranschaulichung sollen nun drei Beispiele für Isomorphie zwischen zwei Gruppen dargestellt werden. Der Übersichtlichkeit halber werden nur die Gruppentafeln abgebildet. Der einfacheren Lesbarkeit sei geschuldet, dass auf das Verknüpfungssymbol ○ zwischen den einzelnen Notationskürzeln verzichtet wird.

Das erste Beispiel, zwei Gruppen 3. Ordnung, zeigt zum einen eine Drehfolge am Zauberwürfel, welche bei dreimaliger Wiederholung der nachstehenden Notationsreihe „R^2 U^{-1} R^{-1} U^{-1} R U R U R U^{-1} R"[25] wieder beim gelösten

---

[25] Wohlgemuth, Martin; Mathematisch für fortgeschrittene Anfänger; Spektrum Akademischer Verlag; Heidelberg 2010; Seite 111.

Ausgangszustand des Würfels anlangt. Daraus ergibt sich in Konsequenz die Gruppe (<R² U⁻¹ R⁻¹ U⁻¹ R U R U R U⁻¹ R>, ∘). Zum anderen zeigt das Beispiel die Gruppe ({[0], [1], [2]}, +), die die Restklassen bei Division der ganzen Zahlen durch 3 beinhaltet. Diese werden addiert. Die Symbole „<" und „>" umklammern das erzeugende Element. Sie symbolisieren das sogenannte Erzeugendensystem, auf dessen Erläuterung an dieser Stelle verzichtet wird.

∘	id	$(R^2U^{-1}R^{-1}U^{-1}RURURU^{-1}R)$	$(R^2U^{-1}R^{-1}U^{-1}RURURU^{-1}R)^2$
id	id	$(R^2U^{-1}R^{-1}U^{-1}RURURU^{-1}R)$	$(R^2U^{-1}R^{-1}U^{-1}RURURU^{-1}R)^2$
$(R^2U^{-1}R^{-1}U^{-1}RURURU^{-1}R)$	$(R^2U^{-1}R^{-1}U^{-1}RURURU^{-1}R)$	$(R^2U^{-1}R^{-1}U^{-1}RURURU^{-1}R)^2$	id
$(R^2U^{-1}R^{-1}U^{-1}RURURU^{-1}R)^2$	$(R^2U^{-1}R^{-1}U^{-1}RURURU^{-1}R)^2$	id	$(R^2U^{-1}R^{-1}U^{-1}RURURU^{-1}R)$

+	[0]	[1]	[2]
[0]	[0]	[1]	[2]
[1]	[1]	[2]	[0]
[2]	[2]	[0]	[1]

Ein weiteres Beispiel zeigt zwei Gruppen 5. Ordnung. Zum einen wird die Notationsreihe L R⁻¹ D L⁻¹ R F⁻¹, welche nach fünfmaliger Wiederholung zum Ausgangszustand des Zauberwürfels zurückführt, dargestellt. Die zugehörige Gruppe (<L R⁻¹ D L⁻¹ R F⁻¹>, ∘) ist in der linken Matrix enthalten. Der einfacheren Darstellung halber, das vorhergehende Beispiel zeigt diesbezüglich die Grenzen auf, wurde die Notationsfolge durch α ersetzt.

Die Entsprechung rechts enthält die Gruppe ({[0], [1], [2], [3], [4]}, +), die die Restklassen bei Division der ganzen Zahlen durch 5 beinhaltet. Diese werden addiert.

∘	id	α	α^2	α^3	α^4
id	id	α	α^2	α^3	α^4
α	α	α^2	α^3	α^4	id
α^2	α^2	α^3	α^4	id	α
α^3	α^3	α^4	id	α	α^2
α^4	α^4	id	α	α^2	α^3

+	[0]	[1]	[2]	[3]	[4]
[0]	[0]	[1]	[2]	[3]	[4]
[1]	[1]	[2]	[3]	[4]	[0]
[2]	[2]	[3]	[4]	[0]	[1]
[3]	[3]	[4]	[0]	[1]	[2]
[4]	[4]	[0]	[1]	[2]	[3]

Um zu zeigen, dass auch komplexere Permutationen am Zauberwürfel auf diese Weise darstellbar sind, und als Gruppe, in diesem Fall (<R² F² R² F²; R²>, ∘), sogar isomorph zu mathematisch bedeutenden Gruppen sind, wird nun noch einmal die bereits erwähnte Gruppe S_3 = ({π_0, π_1, π_2, π_3, π_4, π_5}, ∘) aufgegriffen. Die einzelnen Operationen, die in der ersten, zum Zauberwürfel gehörenden Gruppentafel miteinander verknüpft werden, entstehen durch die vorherige Kombination der

Notationsfolge $R^2 F^2 R^2 F^2 = a$ und $R^2 = b$.[26] Sie werden nach folgendem Schema kombiniert:

Zunächst wird keines der Elemente angewandt. Dann nur b, danach b ∘ a, nun a ∘ b, als Nächstes b ∘ a ∘ b und schließlich a.

∘	id	R^2	$R^2F^2R^2F^2R^2$	$F^2R^2F^2$	$F^2R^2F^2R^2$	$R^2F^2R^2F^2$
id	id	R^2	$R^2F^2R^2F^2F^2$	$F^2R^2F^2$	$F^2R^2F^2R^2$	$R^2F^2R^2F^2$
R^2	R^2	id	$F^2R^2F^2R^2$	$R^2F^2R^2F^2$	$R^2F^2R^2F^2R^2$	$F^2R^2F^2$
$R^2F^2R^2F^2R^2$	$R^2F^2R^2F^2R^2$	$R^2F^RR^2F^2$	id	$F^2R^2F^2R^2$	$F^2R^2F^2$	R^2
$F^2R^2F^2$	$F^2R^2F^2$	$F^2R^2F^2R^2$	$R^2F^2R^2F^2$	id	R^2	$R^2F^2R^2F^2R^2$
$F^2R^2F^2R^2$	$F^2R^2F^2R^2$	$F^2R^2F^2$	R^2	$R^2F^2R^2F^2R^2$	$R^2F^2R^2F^2$	id
$R^2F^2R^2F^2$	$R^2F^2R^2F^2$	$R^2F^2R^2F^2R^2$	$F^2R^2F^2$	R^2	id	$F^2R^2F^2R^2$

∘	π_0	π_1	π_2	π_3	π_4	π_5
π_0	π_0	π_1	π_2	π_3	π_4	π_5
π_1	π_1	π_0	π_4	π_5	π_2	π_3
π_2	π_2	π_5	π_0	π_4	π_3	π_1
π_3	π_3	π_4	π_5	π_0	π_1	π_2
π_4	π_4	π_3	π_1	π_2	π_5	π_0
π_5	π_5	π_2	π_3	π_1	π_0	π_4

Hier, wie auch in den Beispielen zuvor, lässt sich aufgrund der farblichen Hervorhebungen die Strukturgleiche und damit die Isomorphie sehr gut erkennen.

---

[26] Vgl. Wohlgemuth, Martin; Mathematisch für fortgeschrittene Anfänger; Spektrum Akademischer Verlag; Heidelberg 2010; Seite 113.

5 Schluss

Die Grundidee des Zauberwürfel-Erfinders Ernö Rubik, der wissenschaftliche Inhalte räumlich vorstellbar vermitteln wollte, faszinierte gerade auch Mathematiker von Anfang an. Denn das Unterrichtsmaterial bot und bietet interessante mathematische Herausforderungen – so beispielsweise das Finden der Gotteszahl. Spektakulär ist zudem, dass die 26 beweglichen Würfelsteine des genialen Drehspielzeugs rund 43 Trillionen verschiedene Würfelmuster ermöglichen, was sich, wie gezeigt, mit einer durchaus nachvollziehbaren Formel errechnen lässt. Um diese Zahl besser einordnen zu können, mag folgendes Gedankenexperiment dienen: Würde man ohne Unterbrechung jedes einzelne dieser Muster in je 30 Sekunden ausprobieren, so benötigte man dafür rund 41 Billionen Jahre, was etwa dem 10.000-Fachen des Erdalters entspricht.

Die Anwender des Zauberwürfels orientieren sich zum Erstellen von Mustern oder auch zum Lösen des Würfels an einer simplen Notation. Diese wiederum stellt bei entsprechender Betrachtung eine logische, geradezu augenfällige Verbindung zur mathematischen Gruppentheorie dar. Von „Abbildungen" über „Gruppen" bis hin zum Begriff der „Isomorphie" und darüber hinaus werden somit sehr abstrakte wissenschaftliche Themen der Mathematik beinahe spielerisch fassbar. Denn mit dem Zauberwürfel in der Hand entwickelt sich die bisweilen trockene Theorie auf spannende Weise zur leicht nachvollziehbaren und buchstäblich Schritt für Schritt begreifbaren Spielerei.

Damit ist die ursprüngliche Intention des ungarischen Architekturprofessors voll und ganz aufgegangen und hat bis heute nichts von ihrem Reiz verloren – ganz im Gegenteil.

6 Literaturverzeichnis

[1] Beutelspacher, Albrecht; Lineare Algebra; Springer Spektrum; Wiesbaden 2014; 8. Auflage

[2] Bild der Wissenschaft; Heft 12; 1980; Mathematisches Kabinett; Seite 184.

[3] Braun, Tayo Yannic; basic cubing new generation; BoD – Books on Demand; Norderstedt 2012

[4] Fischer, Gerd; Lineare Algebra; Vieweg-Studium; 17: Grundkurs Mathematik; Braunschweig, Wiesbaden 1986; 9. Auflage

[5] Karpfinger, Christian/Meyberg, Kurt; Algebra; Springer-Verlag; Berlin, Heidelberg 2013; 3. Auflage

[6] Szpiro, George G.; Mathematischer Cocktail; Verlag Neue Zürcher Zeitung, Zürich 2008

[7] Wohlgemuth, Martin; Mathematisch für fortgeschrittene Anfänger; Spektrum Akademischer Verlag; Heidelberg 2010

7 Quellenverzeichnis

[8] Rubik´s Brand Ltd.; https://eu.rubiks.com/about/the-history-of-the-rubiks-cube (Stand: 03.07.2015)

[9] Seven Towns, Ltd; http://www.cube20.org (Stand: 03.07.2015)

[10] Wikimedia Foundation Inc; https://de.wikipedia.org/wiki/Zauberwürfel (Stand: 13.10.2015)

8 Abbildungsverzeichnis

Abbildung Titelseite: Der Zauberwürfel im Spiegel der abstrakten Mathematik.
   Eigene Darstellung

Abbildung 1: Prototyp des Zauberwürfels,1974. Entnommen aus [8] 3
Abbildung 2: Der „Superflip". Eigene Darstellung 5
Abbildung 3: Der Mittelstein. Entnommen aus [3], Seite 10 6
Abbildung 4: Der Kantenstein. Entnommen aus [3], Seite 11 6
Abbildung 5: Der Eckstein. Entnommen aus [3], Seite 11 6
Abbildung 6: Die Notation. Entnommen aus [3], Seite 7 f. 7
Abbildung 7: F. Eigene Darstellung 7
Abbildung 8: F′. Eigene Darstellung 7
Abbildung 9: F². Eigene Darstellung 7
Abbildung 10: Darstellung einer Abbildung. Eigene Darstellung 8
Abbildung 11: Darstellung einer injektiven Abbildung. Eigene Darstellung 8
Abbildung 12: Darstellung einer surjektiven Abbildung. Eigene Darstellung 9
Abbildung 13: Die 2-elementige Menge A_1 mit ihren Permutationen. Eigene Darstellung 9
Abbildung 14: Die 3-elementige Menge A_2 mit ihren Permutationen. Eigene Darstellung 10
Abbildung 15: Die Hintereinanderausführung zweier Abbildungen. Eigene Darstellung 10
Abbildung 16: Die Inversion einer bijektiven Abbildung. Eigene Darstellung 11
Abbildung 17: Existenz der Isomorphie. Eigene Darstellung 17
Abbildung 18: Nicht-Existenz der Isomorphie. Eigene Darstellung 18

Herstellung und Verlag:
BoD - Books on Demand, Norderstedt
ISBN 978-3-7412-9720-5